很酷很酷的

北极 上

动物书

竹马书坊◎著

天津出版传媒集团

天津科学技术出版社

图书在版编目（CIP）数据

很酷很酷的北极动物书 ：全2册 / 竹马书坊著. --

天津 ：天津科学技术出版社，2019.4

　　ISBN 978-7-5576-5798-7

　　Ⅰ．①很… Ⅱ．①竹… Ⅲ．①北极－动物－少儿读物

Ⅳ．①Q958.36-49

　　中国版本图书馆CIP数据核字(2018)第245263号

很酷很酷的北极动物书 ：全2册

HENKUHENKU DE BEIJIDONGWUSHU:QUAN 2 CE

责任编辑：方　艳

出　　版：天津出版传媒集团
　　　　　天津科学技术出版社

地　　址：天津市西康路35号

邮　　编：300051

电　　话：(022) 23332695

网　　址：www.tjkjcbs.com.cn

发　　行：新华书店经销

印　　刷：河北盛世彩捷印刷有限公司

开本 880×1230　　1/32　　印张8　　字数 100 000

2019年4月第1版第1次印刷

定价：68.00元（全2册）

目录

角色介绍

布拉德里克大王

物种：北极狐

个性：欺软怕硬，却妄想
　　　着称霸北极

罐罐狼

物种：北极狼

个性：毫无狼性，喜欢瓶瓶罐
　　　罐，梦想成为一名美食家

墩墩熊

物种：北极熊

个性：爱幻想，梦想着成为真
　　　正的北极霸主

猎枪与狐狸

一天深夜，我正在写故事，突然，"嗒嗒嗒"，传来一阵轻轻的敲门声。我很好奇：这个时候会有谁来拜访呢？我打开房门，没看到有谁站在门口。正纳闷着，突然传来一个愤怒的声音："嘿！请你往下面看！"我吓了一跳，赶紧低头看，咦，原来是一只旅鼠。

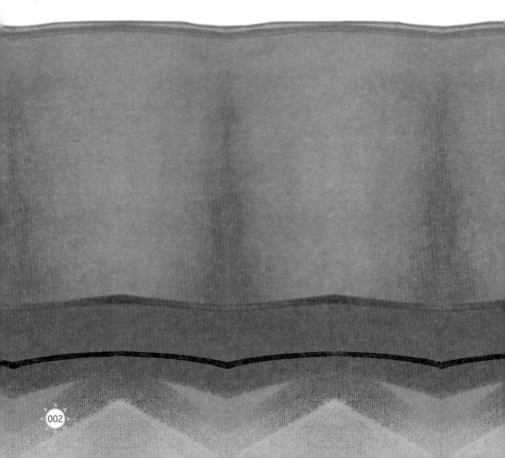

　　矮个子旅鼠先生十分不满地说道："别用你那不可思议的眼神看我！要是我和我的家人一个接一个地站起来，绝对能触摸到月亮。"

"这个……并不是这样，"矮个子旅鼠先生的话让我难以回答，"那是因为很少有像您这样的先生来拜访我，所以我习惯朝前看……"

　　"噢，我这样的先生——我是怎样的先生？"矮个子旅鼠先生不依不饶，"你想说我是个小矮子，对吗？"

　　"呃……不……"我赶紧摆摆手。

　　"好啦，这件事呢，就暂时原谅你。我还有更重要的事想跟你说。"说完，矮个子旅鼠先生仰着鼻孔朝我屋里走去。

它根本不在意我有没有邀请它进来。

"更重要的事？"我有点儿糊涂了，刚想进屋问个明白，一只灰狼扒着门框出现在我的眼前。

　　"嘿！"——向我打招呼的不是一个声音，而是好几个。

　　除了灰狼，还有一匹高灰狼一个头的野马、一条矮灰狼好几个头的鳄鱼。我的视线上下移动

着，这次，我要"礼貌"一些，不能忽视它们任
何一个。

　　"大个子，我在这儿呢！"突然有个声音从门
板上传过来。我赶紧凑近看，原来是一只天牛。

"传说十二生肖曾经赛跑，结果老鼠拿到第一名，以前我还不怎么相信呢，"灰狼一副风尘仆仆的样子，指着屋子里的旅鼠，抱怨着说，"现在看来是真的！"

　　对于灰狼的话，旅鼠假装没听到，根本不理它。

灰狼边朝里走边道：“你和旅鼠的谈话我都听到了。我也是为那件事来的。”

　　“那件事”？我实在搞不清它说的是哪件事，不过还是客客气气地把它们请进了屋子。

"听说你在写故事？"还没坐稳，灰狼骨碌一下从沙发上蹦下来，迫不及待地说。

　　"是的……我正在写一些关于动物的故事……"我很惊讶它们怎么会知道这件事。看来，肯定是有人告诉它们的。

"你写森林动物故事的时候，让我们灰狼做主角吧！"灰狼的语速很快。

　　"这个……"我准备解释一下。

　　"我们灰狼是森林里的大家族，我们聪明、强壮、勇敢，还有一点儿小小的善良……"灰狼自顾自地说着，口水到处飞溅。

"先生……"我想要解释一下。

"我抗议!"矮个子旅鼠先生冲到灰狼前面,叫道,"既然我最先来,应该让我先说!"然而由于它的声音跟灰狼比小得多,因此很快就被灰狼的声音淹没了。

"你写冰原动物故事的时候,我们旅鼠一定要做主角!"矮个子旅鼠先生非常恼火,它扯着嗓子嚷嚷,"我们旅鼠是北极冰原的大家族!别看我们单个不强,但是我们数量是最多的……"

"你写水中动物故事时，我们鳄鱼必须是主角，理由很简单，"一直沉默着的鳄鱼先生向前跨出一步，蛮横地说道，"我可以一口咬断你的脖子！嗷！"

"野蛮的家伙，"野马扬起嘴角，嘲笑道，"我们野马自由、潇洒……关键是长得帅！不用说，肯定是草原动物故事的主角！"

"大家伙！"那只天牛"呼"地飞过来，尖叫道，"我们天牛一定要做昆虫故事的主角！"

　　接下来，这几个家伙全部高声嚷嚷着，互不相让，简直没完没了……

　　它们吵嚷了半个小时。

　　突然，门外传来一阵"咚咚咚"的敲门声，有
人说道："快开门，我是警察！"

　　"是警察！我们可是偷渡过来的呢。"几只动
物惊叫起来，"我们得先走了！"说着，它们推开
我的窗户，集体逃走了。

屋内瞬间恢复了安静。我很欣慰，赶紧给警察开门。

　　屋外站着一位警察，一开门，他立刻望着我家窗户，皱着眉头说："刚才你屋里的那几个人，是

不是偷渡过来的？我正好路过听到了。"

　　"警察同志，它们是偷渡过来的，不过它们并不是人。"我连忙解释道。

　　"不是人？你可别想骗我！"警察打量着我，
朝我挥挥手，"你得跟我去警察局一趟，配合调
查清楚这件事。"

　　好了，倒霉的我现在又多了"一件事"。

　　于是我只好跟着警察去了警察局，解释了一个晚上，差不多天亮才回家。

我迈着疲惫的双脚，回到家之后，想起故事还没写完，于是顾不上睡觉，坐在电脑桌前忙了起来，"噼里啪啦"地敲出下面这些字——《猎枪与狐狸》。

北极苔原上，草儿枯黄，风飒飒地吹，天气却很晴朗。这本该是个和妈妈一起晒晒太阳，然后躺在妈妈怀里撒娇的日子，可是，一只胖嘟嘟的兔孩儿，竟然调皮地偷跑出来玩。很不幸，它被一只名叫"罐罐狼"的北极狼逮住了。

"妈妈，我要妈妈……"兔孩儿眼泪汪汪地在罐罐狼手里一边挣扎，一边大声哭闹。

"小兔子，你偷偷溜出来是不对的，我要代表苔原上的月亮惩罚你……"罐罐狼念叨着，"怎样罚你好呢？"

它在一个奇怪的背包里摸了半天，掏出几个瓶瓶罐罐来。

"大王我最近肚子有点儿疼，罚你到我的肚子里给我看看病吧。"罐罐狼抖动着那些瓶瓶罐罐，往兔孩儿身上撒香料，"在这之前呢，我要把你变得香喷喷的……"

　　"阿……嚏！阿嚏！"兔孩儿被香料呛得连连打喷嚏。

　　撒好香料，罐罐狼揪住兔孩儿的耳朵，先是张大嘴巴比画一下，又拎着兔孩儿的双脚比画一下。"小兔子，你想耳朵先进去呢，还是屁股先进去？"它得意扬扬地问。

真是谎话连篇的罐罐狼，进到它的肚子里还能活命吗？

　　"妈妈，救救我啊！哇……"兔孩儿拼命抓住一把枯草，放声大哭起来。

　　然而，瘦弱的兔孩儿哪里是罐罐狼的对手呀，它被罐罐狼迅速拽起。罐罐狼流着口水，双手用力地抓住兔孩儿，恐吓它不要哭。

　　"啊，真是太吵了！"罐罐狼摇晃着兔孩儿，做了决定，"大王我让你的屁股先进去！"
　　罐罐狼咧开大嘴，兔孩儿危险了。

"别动！"一个细嗓门在罐罐狼身后叫道。
罐罐狼被这个突如其来的声音吓了一跳。
"听到没有！不许动！"细嗓门继续叫道。

"谁啊？"罐罐狼恶狠狠地扭过头来，"敢坏大
王我的好事……"一扭头，罐罐狼呆住了：一只狐
狸竟然端着一杆双筒猎枪，指向了自己！

"这不可能。一定是在做梦……"罐罐狼使劲地揉了揉眼睛，睁开一看，好像不是在做梦。

罐罐狼又狠狠地挠
了自己一下，疼！再一
看，那只狐狸还用枪指
着自己！

枪，别看只是一杆小东西，可不是闹着玩的！"嘭"的一声响，这玩意就冒出烟来，无论是地上跑的八百千克重的北极熊，还是翱翔在长空中的鹰隼，都无法抵得住！

　　罐罐狼，当然也不例外。它这会儿彻底吓傻了，一动也不敢动。

"很好，你是一只听话的小狼，"狐狸懒洋洋地说着话，随手指了指，"把这只兔子慢慢松开。我今天心情不错，可以考虑不打你。"

狐狸挥舞着猎枪，笑得快要合不拢嘴了。

而罐罐狼就没这么幸运了，浑身冒着冷汗，生怕狐狸手里的枪一不小心走了火。

"是是是。大，大王……"

它小心地松开兔孩儿，然后一边紧盯着狐狸，一边慢慢地往后挪。

后退了大约十步远，"哧溜"一声，赶紧撒腿飞奔而去。

　　"太过瘾啦，哇哈哈哈……"狐狸把头昂上天，得意地笑着。

　　"小兔子，我要代表苔原上的太阳惩罚你！正好我的肚子也有一点儿疼……"

　　"咦，小兔……"

　　"妈妈，救救我呀！"从罐罐狼爪子里逃脱的兔孩儿，挥着眼泪，甩着鼻涕，跑走了。

　　"哎哟喂，小肥仔，你别跑！我有枪，有枪……"狐狸着急地大喊起来。

可兔孩儿并不知道枪是什么，所以也不感到害怕，一下子就逃得没影了。

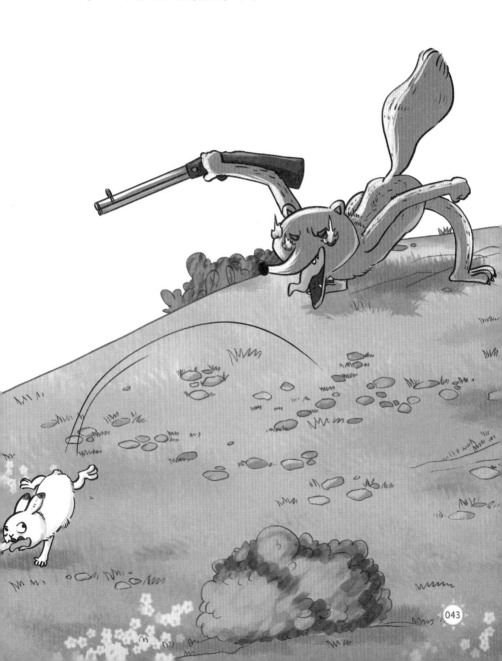

"算啦！"狐狸无奈地把枪扛在肩上，扭着腰肢走了，"有了这杆枪，我很快就是冰原上的霸王了，到时不怕逮不着兔子！哈哈哈……"

　　事实上，狐狸真的成了冰原上的霸王，就连北极熊都被它欺负得够呛。

冰原上的枪声

　　辽阔的北极冰原上，有一个小小
的村庄。这个村庄上总共有一，二，
三，三家人。

"老大，我知道枪在哪里啦！"村庄附近，一只雪貂眨巴着眼睛，对一只北极熊说道。

被称为"老大"的北极熊名叫墩墩，是北极冰原上有名的霸王，这里的人们习惯叫它墩墩熊。"干得好，小家伙。"它拍拍雪貂的脑袋。

"待会儿您跟我一起过去。我个子小，进屋拿枪的任务交给我吧！"雪貂拍拍胸脯，挺直腰杆继续说道。

枪，只要拿到枪，就可以报仇了，就可以随意收拾那只狐狸了……墩墩熊得意地想着。

每次想起那只拿枪的狐狸，墩墩熊就禁不住咬牙切齿，又浑身颤抖。因为狐狸欺负它欺负得最厉害。

这时，一只黑背、白肚皮的雪橇犬迎面走了过来。

"枪的消息就是它告诉我的。它长得一面黑、一面白，所以它的小主人叫它'糊一面'……"

雪貂笑嘻嘻地在墩墩熊耳边小声介绍道。

"你们来得真巧啊，汪，"名叫"糊一面"的雪橇犬大声地打招呼，"汪的主人已经出去啦！"

"给，你要的兔子兵！"墩墩熊赞许地点点头，然后抛出两只昏迷的雪兔给雪橇犬糊一面。

糊一面接住两只
兔子兵，它托着下巴，
顿时有了新想法。

"汪想再要两只兔子
兵……"它大声叫道。

墩墩熊和雪
貂听到这话，都
瞪大了眼睛。

"什么？"墩墩熊有点儿不高兴了。

"汪需要四只兔子兵拉车！"糊一面掰着四个指头，比画着。

"嘿，你这家伙！"雪貂叫道，"你知道这些小东西跑得多快、有多难抓吗！幸亏我从来都不洗脚，才用洗脚水熏倒两只。现在你还想要两只！"

　　"汪就要四只！"糊一面坚定地举着四个指头。

　　"哎哟喂，我的熊熊拳忍不住了喂！"大霸王墩墩熊最不喜欢别人跟它谈条件。当然，那只狐狸除外。

“两只……就两只！”糊一面慌了神，吓得赶紧往后撤。

　　"凭你也敢跟我们谈条件,快滚吧!"雪貂
尖着嗓子吆喝道。

"你们欺负汪！你们等着汪！"糊一面甩着眼泪跑了。

"下次再遇到，让你试试我的臭脚丫！"雪貂对着糊一面的背影叫嚣道。

　　望着糊一面远去的背影，雪貂耸耸肩，做了一个可怜兮兮的表情，说："其实它也挺可怜，听说经常被它的小主人欺负，所以才变得神经兮兮的……"

　　"行了，我们过去找枪吧。"墩墩熊对糊一面的故事并没有多少兴趣。

　　没走多远，墩墩熊和雪貂就看到了村庄，可把它俩兴奋坏了。

雪貂迈着轻快的脚步，
向冰屋靠近。

墩墩熊藏在一旁
的大树后面，警惕地
观察着四周的动静。

雪貂发现冰屋门锁着，根本打不开，于是决定去窗户那里碰碰运气。

它弓着身子，猫着腰，溜到冰屋的窗口下，"咻"的一声，跳到窗台上。

它扒着窗户，仔细地观察着屋内的情况。

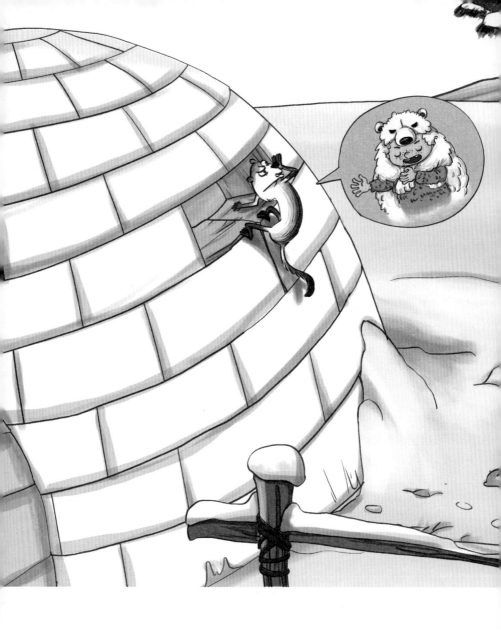

　　"老大，屋里有个熊……小屁孩，睡着了。"它
压低嗓门，朝墩墩熊喊话。

墩墩熊挥挥手，让它赶紧进去。它认为，睡着的小孩子没有什么好怕的！

因纽特人建造的冰屋，屋内比外面看起来大多了。因为他们通常会在屋内挖一个很深的坑。有了这个深坑，他们住在屋内，就等同于住在地下。而冷天住在地下，要比住在地上暖和多了。此刻屋里烧着柴火，暖烘烘的，有个小屁孩躺在毛毯床上，睡得正香。他张开嘴巴，露出几颗蛀牙，打着呼噜，口水流了一大把，完全不知道有只雪貂，已经悄悄地钻进了屋里。

069

雪貂手里拿着一
把枪，跳上窗台，
利索地顺着墙壁滑
了下来。

　　墩墩熊在外面都等急了。当看到雪貂抱着一杆很
像猎枪的东西向自己跑来时，它高兴坏了。

　　"老大！拿到啦！拿到啦！"雪貂捧着花花绿绿的枪，兴奋地喊道。

墩墩熊一声不吭，一把抓过枪，得意地耍了起来。"可恶的狐狸，这下你完了！"它在心里想。

不过再仔细一看，它发现了一个问题：这杆枪怎么跟狐狸手中的不太一样……

"玩具枪……谁拿了我的玩具枪呀！"突然，冰屋内传出一个尖叫声。不一会儿，门被猛地推开了，冲出一个小屁孩。

小屁孩一眼看到了墩墩熊手中的玩具枪。

此时，墩墩熊正拿着玩具枪发呆，而雪貂正满脸兴奋，等着墩墩熊夸奖呢。

　　"把我的玩具枪还给我！"愤怒的小屁孩大叫着，飞跑过来。

　　冰原上传说，曾经有只名叫恐龙的猛兽，抢了一个小屁孩的玩具枪，结果被打得大败，所以他们根本就不会惧怕北极熊什么的。

　　墩墩熊和雪貂被小屁孩的气势吓坏了，转身就逃。

这时，一阵狗叫声和雪橇飞驰的声音传了过来。墩墩熊和雪貂循声望去，只见一个猎人架着一辆雪橇车，正奔向它们！跑在最前面的正是雪橇犬糊一面。

　　"杀呀！"糊一面狂喊着冲过来。墩墩熊扔下玩具枪，跟雪貂一起夺路狂逃。

猎人举起猎枪，"嘭"的一声射出子弹——这些都是在短短的一瞬间发生的。

枪声响起，墩墩熊和雪貂的心里各自咯噔了一下。墩墩熊以为自己这下完了！它认为，猎人看到一只大北极熊和一只小雪貂同时出现在自己眼前，没有理由不先打体型庞大的北极熊嘛。所以它有点儿担心。

事实上，猎人只是虚放一枪，吓跑了墩墩熊和小雪貂后，就回到了村子里。

　　第二天，猎人挎着一杆老式滑膛猎枪，准备好狩猎工具，驾着轻便的雪橇车，朝着那片泰加林出发了。

天气晴朗，说不定猎人会遇到海豹或者驯鹿之类的。当然，要是能找回自己前段时间丢失的猎枪，就再好不过了。那是一杆崭新的雷鸣登双筒猎枪，是猎人前不久用一整张熊皮换来的，上面还刻有他的名字"布拉德里克"呢。

　　猎人前往泰加林时，刚好迎来一天的清晨，整个林区正沐浴在阳光中。这种北极地区常见的树林，看上去非常有特色，很容易和其他地区的森林区分开。

　　泰加林带的树木一般由耐寒的针叶乔木组成，主要树种是云杉、冷杉、落叶松等，而且整片树林往往是单一的树种。

从泰加林带往北，是辽阔的北极苔原。苔原上的植物普遍低矮，以矮小的灌木、多年生的禾草、地衣以及苔藓为主。此时，红花绿树，皑皑白雪，互相映衬着，使整个苔原在阳光下显得平静而美丽。

只是，这平静之中，似乎有些不好的事情将要发生了。

霸哥联盟

"驾！"一只红毛狐狸架着雪橇从远处疾驰而来，卷起了阵阵雪浪。

此时，雪鸮正和朋友们玩"躲猫猫"的游戏呢。它自己一动不动地站在雪地里，装扮成被雪覆盖的石头。根本没注意到，一只狐狸正驾着雪橇车向自己奔来。

　　一下子就被找到了，雪鸮觉得很失败。它踩着舞步，"秃噜噜"地四处蹿着，"我要再玩一次躲猫猫！这次你们一定找不到我！"

　　"藏哪里好呢……"

　　不远的地方，有一群动物静静地看着它独自表
演，心里却偷偷地取笑着。

安静了好一会儿，一只脑袋白色、披着暗褐色羽毛的大鸟说话了，它就是矛隼。它拍打着肩膀上的羽毛，故作深沉地说："咳咳，雪鸮藏得可太好了！"

雪鸮听了这话，捂着嘴巴偷偷地笑了。

实际上，矛隼早就发现了雪鸮，它又故意说道："是不是呀，伙伴们？"

"是呀，是呀。"一群流浪贼鸥中的一只挥舞着翅膀，附和道。

“就是，就是！刚才我都不知道雪鸮弟弟藏到什么地方了呢！”另外一只贼鸥也大声说道。

　　“那是因为我会躲猫猫的艺术呀！”雪鸮听到大家的夸赞，实在忍不住了，就跳了出来，大声说道。

　　"躲猫猫的艺术……那真是太厉害了。"几只
大鸟皱着眉头，一起笑了起来。

　　"它从头到尾都在自
己跟自己玩，"有个家
伙发表了不同意见，它就
是貂熊老臭臭的女儿——
小臭臭，它双手抱胸，嘀
咕道，"什么躲猫猫的艺
术，我看不出来厉害在
哪里！"

雪鸮弟弟第一次听到不同的声音，吃惊地瞪圆了眼睛。

"你看不出来的话，就向我请教呀，"雪鸮很不高兴小臭臭贬低它的"艺术"，嘲讽着说，"以前我抓到一只小麻雀，跟它讲了三天三夜，它终于明白艺术是什么……我看你的脑袋比小麻雀大多了，应该用不着三天……"

老臭臭一听这话，暗叫一声"不好"，忍不住去捂自己的眼睛。

果然，小臭臭一听这话十分生气，甩开胳膊就朝着雪鸮弟弟奔去。

"哎哟，我这暴脾气！"小臭臭可没兴趣听雪鸮讲"艺术"。它大喊着扑向雪鸮："我只会干架的艺术！"

见状，雪鸮弟弟赶忙往前逃。眼看就要被追上了，雪鸮弟弟"扑棱"一声，飞上半空，继续嘲讽着说："你们貂熊都是些臭家伙，只要好好学，说不定还可以学会放屁的艺术呢！"

"哇呀呀呀，气死我了！"小臭臭张牙舞爪地在地面上喊道，"你要是敢下来，我就拔光你的羽毛！"

"再跳高一点点，你就可以碰到我的膝盖啦！哟嚯嚯嚯……"雪鸮弟弟飞在空中，得意地挑衅着。

"有本事你下来！"小臭臭叫道。

"你倒是跳起来啊？"雪鸮弟弟嘲笑道。

"打吧，打吧，最好同归于尽。我别的不懂，只懂吃的艺术，"罐罐狼站在一旁，抖着腿自言自语，"我会给你们撒上香料，让你们香香的。"

"罐罐狼，你的背包里装着什么呀？能让我瞧一瞧吗？"没想到，一旁的老臭臭向它打招呼了。

　　事实上，老臭臭的眼睛一直盯着它的背包看，一刻都没有离开过。

　　"这和你没关系。你别想打我的主意！"罐罐狼赶忙抓紧背包，恶狠狠地瞪着老臭臭。

　　老臭臭是这一带有名的强盗，为了吃的它什么事情都干得出来。罐罐狼可不想招惹它，因为正如雪鸮弟弟说的那样，它们都是些臭臭的家伙。这是怎么回事呢？

事情是这样的，有一天，老臭臭出去散步了。

一头强壮的北极熊拦住了它的去路。这可把它吓坏了，顿时就想尿尿。

它哆哆嗦嗦地撒了一圈尿。没想到，北极熊被老臭臭尿液的味道熏跑了。这一幕正好被雪鸮弟弟看到了。

本来罐罐狼也不相信这
些传言，可是它的朋友也遇
到过老臭臭，而且也被它的
尿液熏得够呛。

这还不算什么，它居然在自己的尿液里打起了
滚。罐罐狼到现在都记得朋友当时的神情，据说它
一个星期都没胃口吃东西呢。

"哦，罐罐狼，你背包里面装着什么呢？闻起来好香啊。"一直没开口的猞猁说话了。看来，想打罐罐狼背包主意的家伙可不止老臭臭一个。

"小狼，把你的背包打开来看看！"北极冰原上的霸主墩墩熊"慢悠悠"地走了过来。

"拿出来给大家看看吧！"刚才还忙着追打雪鸮的小臭臭，这会儿也伸着鼻子走过来。

一只流浪贼鸥和雪鸮也挥舞着翅膀，在一旁起哄。

"背包里面到底是什么呢？"大家七嘴八舌地问道。

刚才还悠闲地看好戏的罐罐狼，这会儿开始害怕了。背包里面装着它最心爱的香料，本来打算当作传家宝传下去，看来要被抢了！

　　"你们干什么！"一个尖细的声音，再一次从罐罐狼身后传来。

这个声音像是拥有魔法一样，这里所有的动物听到后都战战兢兢。就连北极冰原上的霸主墩墩熊，也不例外。

　　"没，没什么，没干什么……"它们回答。

是它，拿枪的狐狸！拥有双筒猎枪之后，它在北极冰原上开始作威作福。地上的动物，不管是驯鹿还是麝牛，天上的动物，不管是雷鸟还是信天翁，看到它都不禁全身发起抖来。

　　地上的猎手，不管是貂熊还是北极熊，天上的猎
手，不管是雪鸮还是矛隼，见到它都吓得魂不附体。

"啊，是狐，狐……"罐罐狼结结巴巴了半天，也没说出一句完整的话。真不知道它是因为激动，还是因为害怕。

　　"叫我'布拉德里克大王'!"狐狸训斥罐罐狼。自从横行冰原，狐狸觉得自己真的太伟大了，不能再像其他动物那样，随随便便起个名字，比如叫"罐罐狼""墩墩熊"什么的。

它给自己取了一个人类的名字，叫作"布拉德里克"，意思是著名的国王。

　　大家都被拿枪的狐狸吓得一声不敢吭，抱成了一团。

"是！不……不辣的，不辣的立刻大王。"念完这个名字，罐罐狼的脑门上开始冒汗了。这真是一个不简单的名字呀——至少不容易记住！

"是'布拉德里克大王'！"狐狸立即纠正，然后竖起眉毛，呵斥道，"你们刚才胡闹什么？"

　　“报告大王，这家伙私藏宝贝！”老臭臭眼珠子滴溜一转，指着罐罐狼的背包说，“就是这个东西！刚才大伙劝它拿出来孝敬大王，它就是不肯！”

　　“不，不辣的立刻大王，它胡说八道！我冤枉啊！”罐罐狼的脑门上全是豆大的汗珠。

　　"哦，这个我早就知道了。"狐狸懒洋洋地说，"背包让它背着吧，至于里面的东西嘛，是大家的……噢，不，是大王我的！"

狐狸挥挥手，又对罐罐狼吩咐道："以后你背着背包，跟在大王我的身边。大王我吩咐你什么，你就照做！明白吗？"

　　"是，大王！"罐罐狼感动得快要哭了。是啊，大王这样信任自己，难道不该感动吗？

　　其实，狐狸精明着呢。背包嘛，就让这个家伙先背着好了，只要里面的东西是自己的就行了，不是吗？

"咳！好了，说正事吧。"狐狸清清嗓子，"大王我今天来，是想做一件大事。我决定了，要成立一个强者联盟！当然了，这个联盟的首领必须聪明，必须能够号令大家，必须公平——目前呢，也只有大王我最合适当首领啦。"

"我支持不辣的立刻大王做首领！"罐罐狼立即嗥叫起来，生怕被谁抢了先。

　　"我们也支持。"其他家伙纷纷表示赞同。

"很好。不过要记住，是'布拉德里克大王'。"狐狸又强调一遍。

它接着说："我成立联盟的目的，第一是为了团结北极冰原上的强者……当然啦，谁要是不让我们团结，就一起揍它！"

说到开心处，狐狸兴奋地挥舞着猎枪，哈哈大笑起来。

　　狂笑了一会儿后，它又正经地说道："第二呢，是为了对付北极冰原上的那些弱者。那些北极燕鸥什么的，明明很弱，却整天拉帮结派，妄想对抗我们这些出身高贵的冰原猎手。大王我曾经吃过它们的亏，瞧瞧我额头上的小伤疤……咳咳，扯得有点儿远了。总之，它们就是一群很坏很坏的鸟！

"还有那些雷鸟、海雀、驯鹿什么的，动不动就搞迁徙，占领了大片地域，也不是好东西……我们要一一讨伐它们，当然，最可恶的还是那些北极燕鸥！

"大王我成立联盟，就是要去对付它们！只要干成这件大事，会有更多的强者加入我们，我们的队伍将越来越壮大！到时我让你们个个都做小头目，个个都拥有几十个，甚至几百个手下！"

"大王英明！大王威武！"狐狸刚发表完演讲，老臭臭就高举双爪，奋力呐喊。

　　"大王威武！大王英明！"罐罐狼只好跟着呐喊。其他家伙也纷纷叫嚷着。

　　"好，好，好——"狐狸抬起右手，摊开手掌，向大家一一致意。它足足挥了五分钟，仿佛面前正站列着千军万马。

"大王，小狼我有个想法。"罐罐狼兴奋地说。

"说——吧。"狐狸跳下桌子，抱着猎枪，批准了。

"我们给联盟起个名字吧。不如叫作bug联盟，小狼听说bug是非常厉害的东西！"

"这个提议好。好，就叫作霸，霸哥联盟。"

其他家伙纷纷为这个霸气的名字叫起好来。

　　于是，霸哥联盟正式成立啦。

　　这不，狐狸号召大家围成了一个大圈，正商议
着下一步行动呢。

很酷很酷的
北极 下
动物书

竹马书坊 ◎ 著

天津出版传媒集团

天津科学技术出版社

目录

角色介绍

老臭臭

物种：貂熊

个性：鬼点子极多，擅长用尿
　　　液保护自己

小胖鸥

物种：北极燕鸥

个性：机智勇敢，为了北
　　　极和平而努力奋斗

小臭臭

物种：貂熊

个性：脾气暴躁，坚信拳
　　　头就是真理

"北伐"大事记

　　"霸哥联盟"成立后，根据狐狸的最高指示，首要的任务就是去对付北极燕鸥。这不，这几

个家伙不知道从哪里弄来一张
破旧的地图，正研究路线呢。

燕鸥生活在北极最边缘的海岸地带，居住在一处大悬崖上，有成千上万只。狐狸的队伍要横穿整个苔原地区才能抵达那里。

狐狸把这次伟大的行动称为"北伐"，还亲自谱写了"北伐之歌"，带着队伍一边歌唱，一边浩浩荡荡地向北出发啦。

瞧啊，
布拉德里克大王来了，
黑影遮住冰原，
猎物四散奔逃。
此刻时光属于勇气和力量，
属于獠牙与尖喙。

狐狸带领的队伍所到之处无恶不作，因此冰原上的动物们可遭了不少罪。

旅鼠家族所居之地正处在狐狸北伐的路线上，它们还不知道北伐这件事呢。此时，旅鼠爸爸正在给小旅鼠们讲家族的历史呢，瞧它们听得多认真啊。

旅鼠爸爸说："别看咱们旅鼠个头小，咱们可是动物界的生育之王。一对旅鼠夫妇一年可生育七八胎，每胎生十多个宝宝，宝宝们只需要二十多

天就能长大。它们结婚后又会有自己的孩子。这样一年下来，就算不幸得病死去和被天敌消灭一半，仍然有八十万之多呢。"小旅鼠们都吃惊极了。

"不过，这也不是什么好事！"旅鼠爸爸叹了口气，忧伤地说。

　　"为什么啊？不是说'人多力量大'吗？"一只小旅鼠不解地问道。

　　"咱们有这么强大的生育能力，却不懂得节制，等数量过多时，就会'鼠满为患'啦！"旅鼠爸爸解释道。

"爸爸，'鼠满为患'是什么意思呀？"其中一只小旅鼠问道。

　　"人们常形容人多为'人满为患'，咱们鼠族形容鼠多就叫'鼠满为患'啊。意思是说：数量太多了，就会形成灾难。"

几乎所有的小旅鼠都在为学会了一个新词而兴奋地跳跃起来，只有一个小旅鼠不满足，它接着问道："到底会发生什么事呢？"

　　"那样，每只旅鼠的生存空间就会很小啦。每走一步就会碰到一只旅鼠，想一想那得多拥挤啊！"爸爸耐心地解释道。

　　"那时候，我们的毛色还会发生变化，从灰黑
色变成惹眼的橘红色。

　　"大家都会担心，害怕毛色的变化引起天敌的
注意，还变得爱生气、爱发火。

　　"会变得吵吵嚷嚷，于是会组成许多合唱团，
大声歌唱。"

　　旅鼠爸爸正在给孩子们认真地讲故事，没有留意到家族成员正朝着他说的那些情况变化呢。

　　此时，旅鼠家族的成员们到处"吱吱吱"地唱个不停，有些成员的毛色已然发生了变化……只不过，它们没想到一场灾难正悄悄地降临啦。

霸哥联盟抵达了旅鼠家族生活的地界，听到它们"吱吱吱"的歌声时，狐狸顿时就怒了。它说："这些不自量力的弱者，居然唱得这样高兴！只有高贵的猎手才能高声欢唱！它们必须要为此付出代价！"

"就是！就是！"其他家伙附和道。

旅鼠们顿时被它们凶神恶煞的样子吓坏啦。

"必须要给它们一点儿教训。"自称"布拉德里克大王"的狐狸托着下巴，自言自语道。

随后，它尖叫道："把这支'合唱团'拆了！狠狠地拆！快上！"

听到命令后，几个家伙摩拳擦掌地朝旅鼠们扑了上去。

顿时，苔原上乱成了一锅粥。到处都是旅鼠"吱吱吱"的惨叫声，以及霸哥联盟成员的大笑声和吼叫声。而狐狸则抱着猎枪，倚在大树上津津有味地观看着。

打垮旅鼠"合唱团"之后，布拉德里克大王让老臭臭负责记录，宣布"北伐"后的第一条规定：凡是没有得到布拉德里克大王的允许，胆敢聚众欢

唱的动物，都将会被联盟讨伐！

联盟的成员们都为这个决定兴奋地欢呼起来。

"这些家伙只会吱吱吱地哀叫，根本不懂什么是歌唱艺术！"雪鸮先是瞅了一眼被打倒的旅鼠，接着举起一根枝丫，摆了一个舞蹈姿势，嘲笑着说。

　　"啊……咿呀哎呀……这才是歌唱艺术，懂吗！？啊……"雪鹅舒展开右边的翅膀，自我陶醉地唱了起来。

　　大家都目瞪口呆地观看着它的表演。过了好久，狐狸才回过神来，命令队伍继续前进，讨伐驯鹿家族。

驯鹿是生活在北极苔原地区的群居动物。它们体态优美，毛色亮泽，头上

的长角简直就像天然的艺术品。你看，它们多么自在悠闲呀。

要知道，它们可是今年春天才迁徙到这片水草丰茂的地区的。只不过，不知道它们今年会不会和

往年一样幸运，毕竟身为布拉德里克大王的狐狸正
带领队伍寻找它们呢。

狐狸为什么这么恨驯鹿呢？这还得从它成为布拉德里克大王之前说起：那天，驯鹿正悠闲地在草地上吃草、嬉戏、散步……

　　狐狸躲在一棵木桩后面，远远地看到了它们。

　　它看到驯鹿正用鹿角打架，而那些鹿角是那么漂亮。狐狸顿时气急败坏地想：为什么这些家伙的脑袋上长着美丽的角？

　　一摸到自己头顶上被北极燕鸥啄伤后留下的疤痕，它更是恼怒不已。

"我会让你们变丑的！"狐狸狠狠地折断了手中的树枝，愤愤地发着誓。

嫉妒是个可怕的坏东西，它在心底发霉、腐烂，慢慢地化作仇恨。有时，它甚至可以引发一场战争。

　　如今，狐狸成了布拉德里克大王，拥有好几个手下，它觉得是时候管管这种"不公平"的现象了。

　　正走着，突然它们发现，远处有一只驯鹿嘴里
正衔着禾草，打着瞌睡。

　　狐狸指挥着手下悄悄地接近它，突然尖叫道：
"上啊！给我揍它！大王我最讨厌长得帅的家伙！"

"是！大王！"坏蛋们嗷嗷怪叫起来。那只驯鹿一下子吓醒了，疯狂地跑了起来。

狐狸的队伍中，罐罐狼、猞猁和贼鸥率先追了上去。

可惜，驯鹿跑得太快了，罐罐狼它们很快就被甩了老远。

没想到，墩墩熊偷偷地绕到了前面，一下子挡住了驯鹿的去路。

教训过驯鹿之后，布拉德里克大王让老臭臭负责记录，并发布了第二条规定：凡是没有经过布拉德里克大王的允许，胆敢私下认为自己长得帅的动物，都将被联盟讨伐！

大家再次为狐狸的建议欢呼起来，只有罐罐狼傻傻地瞅着狐狸，不明白这样做有什么意义。

接着，狐狸大手一挥，命令队伍继续前进。走了一段路后，前行队伍中的小臭臭又跑了回来，跳起来打了驯鹿一个嘴巴，说了句"没有体味，也敢自称帅哥"后，又追赶队伍去啦。

最终的决战

　　住在苔原北边的麝牛爸爸，对新奇玩意总是有一种着魔般的喜爱。
　　一个月前，它冒险潜入人类的村庄，拿到两件宝贝：一口大铁锅和两块火石。

调皮的麝牛宝宝看到爸爸正对着大铁锅出神，一下子跳到了大铁锅中，大喊道："爸爸！我饿啦！"

麝牛爸爸被吓了一跳。

"哎哟！乖儿子，这可是宝贝呀！"麝牛爸爸心疼坏了，连忙把锅翻个底朝天检查起来。

　　"哎哟！"顿时，麝牛宝宝一下子从锅里栽了出来。

　　麝牛妈妈正巧看到这一幕，顿时吓坏了。

不过，麝牛宝宝很强壮，一下子就爬了起来。它好奇地问道："爸爸，这宝贝有什么用啊？"

　　麝牛爸爸兴奋地说："有了它们，咱们就可以喝上热乎乎的鲜草汤啦！"

　　麝牛妈妈抚摸着麝牛宝宝的脑袋，无奈地摇了摇头。

麝牛爸爸东奔西跑地搬来许多石头，垒了一个大灶。

它摇晃着牛头，鼻孔撑得老大，得意地说："世上无难事，只怕有心牛！"麝牛宝宝兴奋地跟着跑来跑去，已经忘记饿啦。

麝牛妈妈一边收拾，一边埋怨道："时间都浪费在这些无聊的事情上，孩子都饿坏啦！"听到这话，麝牛爸爸一声不吭地跑走了。

过了一会儿，麝牛爸爸扛着一捆青草，脚步轻快地回到家，兴奋地招呼道："牛妈妈，快把锅刷好！小宝，嗨皮（happy）起来，生火煮草咯！"

"都十几岁的牛了，还这么喜欢折腾……"麝牛妈妈一脸不愿意，嘴里虽然嘟囔着，但还是拿着炊帚去河边刷锅了。

"爸爸，我来啦！"听到麝牛爸爸的喊声，麝牛
宝宝飞跑过来帮忙，把两块火石敲得"叮叮"响。

麝牛宝宝和妈妈一起生着了火。麝牛爸爸用铁锅盛满水，放在了灶口上，又把青草放了进去。

片刻之后，大铁锅里草料翻腾，水汽阵阵。

麝牛爸爸赶忙拿起一根树枝搅拌起来。你看，它的动作多熟练呀！

搅

翻

挑

拢

"柴草少添一点儿，慢慢地熬。"

"啊，加点儿水，不然就糊了。"

……

麝牛爸爸不断地叨叨着。一会儿，它又自言自语起来："我刚才加了一把香草，熬出来的味道肯定不一样……"

终于，一个小时后，麝牛家的"大餐"在锅中烂熟，散发着袅袅香气，香气飘满了屋内，飘向了整个苔原地区。

　　"完美！"麝牛爸爸高举大牛蹄，摆出一个大大的"V"字。

麝牛宝宝举起小牛蹄，摆出一个小小的"V"字。

"牛家美食完成咯！准备开动！"麝牛爸爸大声地宣布。

"咚隆，咚隆，咚隆隆隆……"这时，一阵急促的奔跑声从远处传来。

"怎么了？"麝牛爸爸往远处一瞧——天啊，有一群猛兽和猛禽杀过来了！

北极熊、北极狼、猞猁、貂熊、雪鹗……这些家伙怎么聚在了一起！这是怎么回事？

虽然，这也算一件新奇的事，但是麝牛爸爸决定以后再弄明白，现在还是先逃命吧！

"小宝，牛妈妈，快跑！"它大声叫喊。

仅仅一溜烟的功夫，牛爸爸和牛妈妈就架着牛宝宝，随着牛群跑到了远处，摆好了阵势。它们的宝贝大铁锅和火石，谁也没记得拿。

霸哥联盟的成员们见不费一兵一卒就占领了这片土地，大获全胜，忍不住欢呼起来。

　　"呀哈哈哈······一群胆小的家伙！"狐狸大
笑着，吩咐手下的几员大将去收集战利品。

之前被俘获的驯鹿们听到了动静，都吓傻了，个个瑟瑟发抖起来。

　　而霸哥联盟的这些家伙听到命令后，兴高采烈地四处乱翻乱砸，搞起了破坏。

"咦，这是什么？"看到灶台上的东西，狐狸双眼放光，"竟然是一口大铁锅！……啊，还有火石！"

　　"恭喜大王得到宝贝！"罐罐狼笑靥如花，赶紧上前恭贺。

　　看到麝牛爸爸的宝贝被发现了，驯鹿头
领幸灾乐祸地笑了。

"小的愿意替大王拿着火石。"老臭臭把灶台上的火石一把揣在手里，轻蔑地看着罐罐狼，撇撇嘴说道，"有些家伙呀，光会耍嘴皮子，就是不出力干活！"

“好，你对大王我很忠心！”狐狸竖起大拇指，夸赞道。

　　“老滑头！”罐罐狼瞪了老臭臭一眼，小声地说。

一下子获得两件宝贝，狐狸高兴坏了。

"你，过来！"狐狸斜了一眼傻站在不远处的墩墩熊，"我留意你这个胖子很久了，发现你就没对我说过几句好话。好吧，既然不喜欢说好话，又这么壮，以后你就负责顶这口锅！"

"遵……遵……遵命。"墩墩熊磕磕巴巴地回答，心里有点儿吃惊——自己这么老实听话，居然还是被大王"留意"到了！不知道它还有没有"留意"过其他的呀。墩墩熊越想越害怕。

墩墩熊刚端起锅，就发出了一声惨叫。

原来，大铁锅被烧得热极了，一下子烫到了墩墩熊的手掌。大铁锅掉在了地上，里面的鲜草汤全洒了出来。"哎呀，我的宝贝！"狐狸见状，两眼急得直冒火。

看到墩墩熊吃瘪，罐罐狼笑得直揉肚子。

墩墩熊吓坏啦，顾不上烫手，扛着大铁锅，"呼哧、呼哧"地喘着气，一口气跑到了河边，把大铁锅里里外外洗刷铮亮，然后双手举起大铁锅，乖乖地扣在了脑袋上。

"就是这样！大王我很满意。"狐狸"哧溜"一下跳上大铁锅，跷着二郎腿坐好，"以后这就是大王我的王座，你就是我的坐骑！哇哈哈哈……"瞧瞧，它的嘴都快乐歪了。

从此，北极冰原上出现了一个奇怪的"组合"：一只把大铁锅当作王座的狐狸，以及一只顶锅的墩墩熊"坐骑"。

不过只乐了一小会儿，狐狸的"布拉德里克大王症"又发作了，它突然感到责任重大，又严肃起来。

“哼，这头笨麝牛，竟然敢学大王我使用人类的工具。这是绝对不允许的！”它说道。

于是，狐狸叫老臭臭记录"北伐"的第三条规定：凡是没有经过布拉德里克大王允许，胆敢擅自使用人类工具的动物，都将会被联盟讨伐！

老臭臭认真地记录着，又让小臭臭抄写了几份，交给了贼鸥和雪鸮弟弟。几个家伙叼着到处发放去了。

公告

禁止使用人类
工具的动物
将会被讨伐

狐狸继续宣布："东边有很多海豹和海象，根据大王我的观察，它们长相滑稽，笑起来都像傻瓜！所以接下来，我要带领你们往东走，去讨伐那些长相滑稽的家伙！我们需要进攻，进攻！不停地进攻……"最后几句话，狐狸几乎是喊出来的。

"大王……"罐罐狼突
然打断狐狸的演讲。

"什么事？！"狐狸突然被打断，非常不高兴。

"我……我们……要不要先去讨伐……那些北
极燕鸥？"罐罐狼问道。

"狼兄弟，我早就告诉过你，"老臭臭摇摇头，叹了一口气，"让你早点儿跟大王说。现在好了，让我们白白绕了那么远的路！"

　　"你……你这无赖……"罐罐狼气得说不出话来。

"哎呀，幸亏老臭臭提醒！"狐狸恍然大悟。

　　接着它摊开手掌叫道："大王我宣布：'霸哥联盟'全速向北，进攻燕鸥崖！"看这架势，似乎它前面又站列着千军万马呢。

"霸哥联盟"一路"征讨"，行程远超数百千米，花了几个月的时间才到达燕鸥崖。经过长途跋涉，联盟中的成员个个都疲惫不堪。可狐狸却兴奋得闲不下来。

　　它叉着腰一一吩咐："老臭臭、罐罐狼，你们负责拣五十捆柴草回来。雪鸮弟弟、小狩猁、小臭臭，你们去拔五十捆青草回来。墩墩熊，你去搬一百块石头过来，准备架锅烧水！……"

  大王这是要干什么呀？谁也不知道，可布拉德里克大王的命令，是绝对要服从的。

  老臭臭和罐罐狼的腿快跑断了，才找足五十捆柴草；雪鹞弟弟的翅膀快飞折了，才和小臭臭、小

　　猞猁等割够五十捆青草；墩墩熊耗费了九牛二虎之
力，搬来一堆石头，开始砌灶台、刷锅、放水、生
火……忙活大半天，大伙儿终于把草料熬好了。

这时，狐狸得意地叫嚣起来："准备进攻燕鸥崖！请这些坏鸟吃大餐！"

　　随从们这才明白狐狸的意思，要知道，燕鸥们是不吃草的哦。

令它们没有想到的是，在半山腰一块巨石后面，几双小小的眼睛一直在观察着它们。这是几只北极燕鸥，它们都还很小，看起来不像是来执行任务的，倒像是谁家迷路的孩子。其中有一只胖嘟嘟的"小胖鸥"，它的双眼格外明亮，看起来像一汪秋水。它笑了笑，坚定地说道："通知大部队，准备御敌。"

　　"是。"另外几个小家伙奶声奶气地回应。

狐狸的队伍出发了。可是没爬多久，铁锅里的草料就因为颠簸而洒没了。狐狸十分生气，一下子跳到了铁锅上面，指挥着墩墩熊继续往山上爬。它得意地想：这可比自己爬山轻松多了。

　　经过半天的攀爬，它们终于来到了半山腰。它们一个个累地喘着粗气，看着直耸陡峭的燕鸥崖，一脸茫然。狐狸也从锅顶上下来了，因为一阵海风差点儿把它吹下去。

还没等狐狸做好部署，突然一阵尖厉的叫声传来，只见成百上千只燕鸥挥动着翅膀猛冲了下来。天空中，太阳的光辉瞬间被不计其数的燕鸥遮挡住了。

　　罐罐狼最机灵，立即一个前滚翻，用四条腿捂住脑袋，不过它的四条小细腿依然被啄粗了一大圈；老臭臭捂着脑袋四处钻，想让别的家伙给

它当"挡箭牌"；小臭臭一边抱头鼠窜，一边哭喊着；猞猁趴在地上疼得嗷嗷叫；矛隼和贼鸥刚逃到半空中，马上就被几只燕鸥按了下来；嗓门沙哑的"流浪艺术家"雪鸮发出的叫声更沙哑了……

狐狸呢？它的头上早被"笃笃笃"地啄出无数个大包，此时正准备寻找机会逃走呢。可当它转身逃跑的时候，发现了一个意外情况：咦，平时老实又沉默的墩墩熊，居然顶着一口锅！狐狸顾不上驱赶头顶上的燕鸥，一边抱头快跑，一边朝墩墩熊大喊："快过来！遮住我！快点！"

　　墩墩熊听到喊声，弯着腰，双手托着大铁锅，倒扣在狐狸的脑袋上，自己则只好硬扛着北极燕鸥的攻击。

虽然它皮糙肉厚，可终究还是血肉之躯呀。当实在坚持不住时，只听"咣当"一声，墩墩熊弃锅飞奔而去。

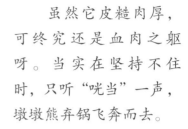

这下糟了，没有墩墩熊托着，沉重的大铁锅一下子压下来，把矮小的狐狸严严实实地扣在了下面——它出不来了！

霸哥联盟的其他成员也被打得落花流水一般，狼狈地逃走了。

　　于是轰轰烈烈的"北伐"之行，就这样结束了。夏去秋来，又到了北极燕鸥们往南极迁徙的日子。它们成群结队、拖家带口地飞离燕鸥崖，到地球的另一端过冬去了。整个燕鸥崖恢复了往日的宁静。

　　一个月后，一支探险队经过这里，发现了一口大铁锅。它静静地倒扣在那儿。有人掀开来看，发现下面竟然有一杆猎枪，上面刻着"布拉德里克"几个字。发现铁锅的人摸着脑袋想了很久，也没弄明白这里之前发生了什么事。

极地动物汇编

北极兔

北极兔，也叫山兔、蓝兔。它们比家兔大，耳朵和后肢较小，主要以苔藓、树根等为食。为了保护自己，它们的毛色会随着季节而变化。在夏季时，身体背面呈浅灰色，颈部和胸腹部呈暗蓝灰色；在冬季时，身体背面呈白色，毛从根部起全为白色，但耳尖是黑色。

北极兔的脚掌很大，脚掌下生有长毛。这个特征能增大脚掌与地面的接触面积，使它们不会陷入积雪中，从而奔跑如飞。它们的耳朵比较短，这样能减少体内热量的散发，还能避免强风灌进耳朵，这是它们能够在北极生存的秘密之一。另外，它们的听力也很棒哦！

北极兔刚出生，就能睁开眼睛看东西，而家兔出生10来天左右才会睁眼哦。

北极兔四肢发达，奔跑的速度可达每小时60多千米。遇到危险时，它会站起来，像袋鼠一样用后脚跳跃着逃走。

生活在野外的兔子，必须面对各种捕食者，游泳也是它们逃生的必备技能之一。北极兔也不例外哦！

北极狼

北极狼，也叫白狼，是犬科哺乳动物，毛色为白色，也有红色、灰色和黑色。生活在北极地区的它们，是地球冰河时期幸存下来的物种，是进化最完美的肉食动物之一。

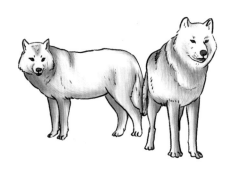

北极狼的耐力非常好，能以每小时约10千米的速度走很久，追逐猎物时速度接近每小时65千米。

一个北极狼族群有20~30个成员，等级森严，狼王享有至高无上的权力。通常，族群的小狼都是狼王的后代，只有狼群数量减少时，狼王才允许其他成员生育后代。

小狼长到2岁时就成熟了。这时，年轻力壮的雄狼就会整天想着夺取狼王的地位。一有机会就会向狼王发起挑战，挑战成功就会成为新首领。

北极狼主要以驯鹿、旅鼠、北极兔、鱼类等为食，有时也会攻击人类和其他动物。不过，人类是它们最大的敌人。

北极狐，也叫蓝狐、白狐，体长约55厘米，重约3千克。它们的毛色会因为季节的变化而改变。它们主要以鸟类、鸟卵、旅鼠为食。当发现雪下有旅鼠时，会迅速挖掘，再高高地跳起来，用脚把旅鼠窝压扁，然后大吃一顿。

北极狐的数量会根据旅鼠数量的变化而变化。通常，每窝小狐狸会有8~10个，十个月后就会长大，然后成家立业，开始新的生活。

北极狐能进行长距离的迁徙，而且导航本领很强。它们会在冬季离开巢穴，迁徙到600千米外的某个地方过冬，第二年夏天再返回。

北极熊，也叫白熊，体毛一般是白色的，也有黄色等其他颜色，是当今世界上最大的陆地食肉动物。一只成年北极熊立起来可高达2.8米。雄北极熊重达300~800千克，雌性比较小，重达150~300千克。

北极熊的嗅觉灵敏度是狗的7倍。它可以在3千米外，闻出海豹的位置，还会用右掌捂住鼻子，掩盖气息，静等海豹的出现。

　　食物充足时，公熊会与小熊玩耍。一旦食物极度匮乏时，它会捕杀小熊。遇到前来相救的母熊时，还会与其搏斗，甚至杀死母熊。这种现象还会发生在公熊的求偶期。

　　北极熊的绒毛是白色的，仿佛是一根根空心管子，而皮肤是黑色的，这样容易吸收热量，增加体温，这是它们在寒冷极地生存下来的秘密之一。

　　在陆地上，北极熊奔跑的速度可达每小时40千米，能够轻易杀死海豹。不过，它虽然能在海里以每小时10千米的速度游97千米远，却不是海豹的对手。一旦水中相遇，它会"识趣"地离开。

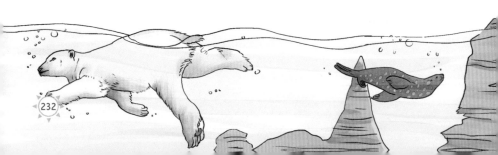

雪貂

雪貂，身体细长，四肢短而灵活，毛色呈野生色或白化色，以松鼠、鸟卵等为食，生活在海拔800~1600米的针叶阔叶混交林和亚寒带针叶林中。

黄喉貂，喜欢吃蜂蜜，因前胸部具有明显的黄橙色喉斑而得名。

石貂，棕褐色皮毛，带有白色的大喉斑。多昼伏夜出，穴居在洞内。

松貂，主要在夜间或黄昏活动，以哺乳动物、鸟类、昆虫等为食。

紫貂，也叫黑貂，大多在森林的地面上筑巢，属杂食性动物。

雪鸮，俗称白猫头鹰，羽色漂亮，喙坚硬而钩曲，爪大而锐利，是捕猎的厉害武器。和猫头鹰生活在树上、晚上捕猎不同，雪鸮居住在岩石上，一般白天活动。

雪鸮的眼睛聚光细胞特别多，所以眼力非常棒。它们的眼眶周围长着辐射状排列的羽毛，能将声波很好地反射到耳孔中，因此听力也很棒。

雪鸮一年产12枚卵。雌雪鸮在巢中孵卵时，雄雪鸮担负觅食和护家的任务。它们主要以旅鼠为食，偶尔会捕食北极兔、贼鸥等大型猎物。

矛隼

矛隼，也叫巨隼，生活在北极苔原地带和寒温带。栖息于开阔的岩石山地、沿海岛屿、靠近海岸的河谷和森林苔原地带。矛隼常在低空飞行，发现猎物后，将双翅一收，像长矛一样投向猎物，它们的名字便由此而来。

贼欧

贼鸥，是唯一在地球南北两极繁殖的鸟。它长得像海鸥，羽毛呈淡褐色，翅膀上有白色翅斑。它们虽然也会捕食，但更喜欢偷抢。在南极生活的贼鸥，经常叼走企鹅的蛋和幼崽。

貂熊

貂熊，也叫狼獾、月熊、山狗子、飞熊等，身形介于貂与熊之间，在陆地鼬科动物中算最大的。它们白天睡觉，晚上出来活动。

捕猎时，貂熊会采用"守株待兔"的策略，躲在小动物必经之地的树上。等猎物经过时，它们突然从天而降，一击必杀。

貂熊非常贪吃，荤素不拒。为了吃的，它们有时会冒险从北极狼或北极熊的口中抢夺食物。更疯狂的是，它们还敢打猎人设置的陷阱的主意哦。

猞猁，外形像猫，比猫大，耳尖上耸立着黑色簇毛，有收集声波的作用。它四肢粗壮，尾巴短粗，全身呈褐色或棕色，喜欢生活在寒冷的地方。

猞猁忍耐力极好，耐饥性也强。为了捕猎，可以几天几夜守在一个地方不吃不喝，等猎物靠近时，才发起突袭。

猞猁是爬树高手，可以在树木之间跳跃，捕食鸟类。遇到危险时，也会爬树躲避。另外，它们的游泳技术也很棒。

白鲸

白鲸，常年生活在极地海面或贴近海面的地方，是群居动物。它们个头不如同类，没有背鳍，体色会随着年龄而改变。

白鲸是鲸类中最棒的歌者，能发出几百种声音，如牛叫声、铃声、汽船声等。它们在水中唱歌时，歌声能传到百里之外。

每年夏天，成千上万头白鲸开始迁徙。一路上，它们一边游玩，一边表演，非常热闹。实际上，它们这种行为既是自娱自乐，也是同伴之间的一种交流。

一角鲸

一角鲸，也叫独角兽，生活在北极地区，游速极快，是世界上最神秘的动物之一。一角鲸出生后，一般有两颗牙齿，雄性的左牙会露出来，像一杆长枪。最强的雄鲸，长牙往往最长、最粗，这也可能是它们地位的象征。

弓头鲸

弓头鲸，也叫北极鲸、巨极地鲸、格陵兰鲸等，因巨大而独特的弓状头颅而得名。弓头鲸是北极最大的鲸，体长可达21米，体重可达上百吨，常常因冰的漂移而改变自己的居住地。

旅鼠，体圆，腿短，耳小，除尾巴外，全身长约14厘米。它们常年居住在北极地区，平时身上是灰黑色的，冬季有些个体会变成白色。

旅鼠的生殖能力极高。当数量过多时，它们会焦躁不安，皮毛也会变成橘红色，不再惧怕任何天敌，有时还会主动攻击对方。

当天敌无法影响旅鼠的数量时，它们就数以万计地聚集在一起，朝着一个方向奔走。一路上，不断有旅鼠加入，跋山涉水，直抵大海，然后跳进滚滚波涛之中，全军覆没而死。这是旅鼠最大的秘密，也是它们名字的来历。

驯鹿，又名角鹿，头颈长，耳朵小，尾巴短，毛色会随着季节变化：夏天呈灰褐色，冬天变为灰白色。驯鹿最惊人的举动就是，每年一次长达数百千米的大迁徙。它们匀速前进，只有遇到狼群或猎人时，才会与敌人展开一场生命的角逐。

驯鹿的迁徙队伍有成年的雌鹿领队，紧随其后的是怀孕的雌鹿、小鹿和雄鹿。小鹿出生后两三天，就可以和母亲一起赶路，跟上迁徙的鹿群。一个星期后，就能完全跟上父母的速度了。

麝牛，因雄麝牛的眼眶中能够释放出一种类似麝香的气味而得名。它们是北极地区最大的食草动物，又长又密的毛直拖到地上，而长毛里还有一层厚绒毛，这也是它们抵御严寒的法宝。

麝牛并不是"牛"，它是牛和羊之间的过渡类型动物，亲缘关系更接近羊。麝牛的繁殖率相对较低。小麝牛往往会因为出生时乳毛未干而被冻死。

麝牛的天敌主要是北极狼和北极熊。遇到危险时，麝牛会结成防御阵型，把小牛保护在中间。成年公麝牛向敌人发起猛攻，反复战斗，直到敌人退去。另外，在严寒之际，它们也会把小牛挤在中间，背对强风，直到暴风雪过去。

海象

海象，是北极海域中体型比较大的动物。它们长着两枚长牙，上嘴唇有一把胡子，皮肤皱巴巴的，眼睛小，没有外耳壳，以贝类、虾蟹等为食。

海象大部分时光都在岸上或浮冰上度过。在岸上，海象依靠后鳍和獠牙挪动前行。一旦入水，它们就成了灵活的"胖子"，游泳时速高达24千米。

海象的天敌主要是北极熊和虎鲸。北极熊不敢招惹成年海象，但会捕杀它们的幼崽。虎鲸是海中霸王，但对于蹿上陆地的海象毫无办法。

海豹

海豹，圆脑袋，狗脸，没有外耳壳，身体像纺锤，长着四个鳍肢。海豹数量极多，主要分布在北极、南极周围附近及温带或热带海洋中。

北极地区的海豹种类要比南极地区的多，如灰海豹、环海豹、鞍纹海豹、冠海豹等。

冠海豹，又叫囊鼻海豹，当它们遇到恐吓或兴奋时，鼻子吻部就会膨胀成囊状突起。

244

海狮

海狮，体型较小，一般不超过2米。它们的脸像狮子，叫声也像狮子，长有小耳壳，后鳍可以向前弯曲，这使它们能像狗那样蹲在地上。

海狮的智商非常高，会表演顶球、投篮、钻圈、倒立、敲击乐器等，还能潜入海底帮人打捞卫星。

雷鸟

雷鸟，属于小型鸟类，羽毛会随着季节的变化而变化。它们的喙短而粗，善于挖取积雪下的根茎来吃。

黄金鸻

黄 金鸻，因背部杂有金黄色的斑点而得名。在北极，它们迁徙飞行的距离仅次于北极燕鸥，名列第二。每年秋天，黄金鸻飞行4000多千米去南方过冬。在长途飞行中，它们总是沿着最短的路线，毫无偏差地飞到目的地。

绒鸭

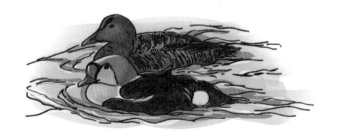

绒 鸭，体大膘肥，绒毛厚实。雄绒鸭的毛色有黑、白、浅红、绿等多种颜色，雌绒鸭的毛多为褐色。生下蛋宝宝后，为了不让它们冻伤，雌绒鸭会啄下自己胸口最柔软的绒毛，垫在巢中为它们取暖。

海雀

海雀，生活在北极地区，善于游泳和潜水。它们直立着行走，姿势很像企鹅，喜欢成千上万只聚集在岸边的峭壁上。海雀的蛋是梨形的，类似不倒翁的形状，这样风儿一吹，只会在原地转动，根本不用担心掉下岩石哦。

雪雁

雪雁，羽毛洁白，翼尖带黑色，有长途迁徙的习惯。在迁徙前，它们会换掉羽毛，以应对即将到来的寒冬。鸟类换羽大多逐渐更替，而雪雁一次性全部换掉。这期间，如果换羽的雪雁飞不动，就会远离雁群，找更安全的地方换羽。

信天翁

信天翁，鼻子像管子，嘴大，体长最长可达1.35米，翼展可达3.5米。它们大部分时间都飞在空中，连飞数日不会疲倦，盘旋几个小时不需要振动翅膀，是鸟类中的滑翔高手。

企鹅

企鹅，多数生活在南极，北极是没有企鹅的。企鹅身躯肥胖，黑背，白腹部，走路一摇一晃，一副绅士派头。企鹅不会飞，但它们是最能游的鸟，如白眉企鹅每小时能游36千米，是鸟类中的游泳冠军；帝企鹅能下潜五百多米，是鸟中的潜水冠军。